T. R. Vijaya Lakshmi

Deteção e seguimento de um rosto humano a partir de vídeos

T. R. Vijaya Lakshmi

Deteção e seguimento de um rosto humano a partir de vídeos

ScienciaScripts

Imprint
Any brand names and product names mentioned in this book are subject to trademark, brand or patent protection and are trademarks or registered trademarks of their respective holders. The use of brand names, product names, common names, trade names, product descriptions etc. even without a particular marking in this work is in no way to be construed to mean that such names may be regarded as unrestricted in respect of trademark and brand protection legislation and could thus be used by anyone.

Cover image: www.ingimage.com

This book is a translation from the original published under ISBN 978-620-2-30871-7.

Publisher:
Sciencia Scripts
is a trademark of
Dodo Books Indian Ocean Ltd. and OmniScriptum S.R.L publishing group

120 High Road, East Finchley, London, N2 9ED, United Kingdom
Str. Armeneasca 28/1, office 1, Chisinau MD-2012, Republic of Moldova, Europe
Printed at: see last page
ISBN: 978-620-8-06655-0

Copyright © T. R. Vijaya Lakshmi
Copyright © 2024 Dodo Books Indian Ocean Ltd. and OmniScriptum S.R.L publishing group

Conteúdo

Resumo

Detetar e seguir um objeto, como um rosto, num vídeo é uma tarefa crucial. Este livro apresenta uma análise do problema da seleção inicial de pontos caraterísticos no contexto do seguimento. Também salienta que os critérios padrão de pontos caraterísticos estão mais preocupados com a exatidão do rastreio de pontos caraterísticos do que com a robustez do rastreio. Neste livro, é apresentado um método simples para melhorar a seleção inicial dos pontos caraterísticos, a fim de reduzir o número de possíveis erros durante o seguimento e, assim, aliviar a exigência dos algoritmos que processam posteriormente as posições dos pontos seguidos. O método é avaliado e comparado com dois métodos padrão de seleção de pontos caraterísticos num grande conjunto de dados reais.

Capítulo 1
Introdução

A investigação que utiliza técnicas de reconhecimento de padrões é muito importante e amplamente utilizada desde as últimas cinco décadas. Tem atraído o interesse de investigadores em muitos domínios, como a inteligência artificial, a engenharia informática, a biologia nervosa, a análise de imagens médicas, a arqueologia, o reconhecimento geológico, a navegação espacial, a tecnologia de armamento, etc.

A visão computacional trata do reconhecimento de objectos, bem como da identificação e localização de ambientes tridimensionais [1, 2]. O reconhecimento biométrico pode basear-se no rosto, nas impressões digitais, na íris ou na voz e pode ser combinado com a verificação automática de assinaturas e códigos PIN. O reconhecimento de objectos na terra a partir do céu (por satélites) ou do ar (aviões e mísseis de cruzeiro) é designado por deteção remota. É importante para a cartografia, a inspeção agrícola, a deteção de minerais e o reconhecimento de alvos. Muitos testes de diagnóstico médico utilizam sistemas de reconhecimento de padrões para a contagem de células sanguíneas e o reconhecimento de tecidos celulares através de microscópios, para a deteção de tumores em exames de ressonância magnética e para a inspeção de ossos e articulações em imagens de raios X.

O termo "ponto caraterístico" designa um ponto numa imagem que é suficientemente diferente dos seus vizinhos (canto L, junção T, um ponto branco num fundo preto, etc.). Um ponto caraterístico tem uma posição bem definida, o que é útil em muitas aplicações. Um exemplo importante é o problema simples do "fluxo ótico", em que a tarefa consiste em encontrar, para um ponto caraterístico de uma imagem, o ponto correspondente na imagem seguinte de uma sequência. Normalmente, assume-se que uma pequena vizinhança também se está a deslocar juntamente com o ponto, pelo que se pode considerar uma pequena mancha de imagem em torno do ponto. Quando as deslocações são pequenas, o algoritmo KLT é normalmente utilizado para procurar uma área semelhante na imagem seguinte. Além disso, é frequentemente útil seguir os pontos caraterísticos ao longo da sequência. As posições dos pontos caraterísticos seguidos são utilizadas, por exemplo, nos algoritmos de "estrutura e movimento".

Existem várias formas de detetar os erros que ocorrem durante o rastreio. A tarefa de "monitorização", ou seja, verificar se os pontos de uma sequência que são encontrados continuam a ser semelhantes ao ponto de caraterística original. Além disso, as falsas medições também podem ser detectadas a um nível mais elevado da cadeia de processamento, por exemplo, quando as medições são combinadas em estimativas de estrutura e movimento 3D. O problema considerado neste livro é como selecionar os pontos caraterísticos da imagem inicial que são menos susceptíveis de conduzir a falsas medições (portanto, adequados para rastreio).

As estratégias de seleção de pontos de caraterísticas são analisadas e avaliadas muitas vezes. No entanto, a seleção no contexto do seguimento não foi analisada com frequência anteriormente. É feita uma experiência de avaliação do seguimento de alguns detectores de cantos. O operador de cantos Harris é analisado em relação à precisão da correspondência. Os operadores de pontos de caraterística padrão (normalmente detectores de cantos) dão um valor numérico, a chamada resposta de interesse (IR), numa localização de pixel com base nos valores de intensidade da vizinhança local da imagem. Os pontos com IR elevado são os possíveis candidatos a pontos caraterísticos. O IR dos detectores de pontos caraterísticos padrão está relacionado com a precisão da correspondência. No entanto, o seguimento envolve também outros factores.

O rastreio prático é efectuado por uma espécie de pesquisa local que pode não convergir para a solução correta. Além disso, estruturas semelhantes na vizinhança podem levar a uma falta de correspondência que é difícil de detetar. Com movimentos maiores na imagem (baixa amostragem temporal), é de esperar que o problema da falta de correspondência ocorra com frequência. Propomos uma medida de qualidade adicional, "a dimensão da região de convergência" (SCR), para os pontos selecionados, que pode ajudar a identificar e a descartar os pontos candidatos que provavelmente não são fiáveis.

Para o localizador KLT, propomos um método simples para estimar o SCR de um ponto caraterístico. Mostramos como isto pode melhorar os detectores de pontos caraterísticos padrão. Utilizamos dois detectores de cantos comuns, simples e rápidos: o operador de cantos Harris (muitas vezes considerado o melhor) e o detetor de cantos SUSAN, recentemente utilizado (que se baseia em princípios bastante diferentes). Para os cantos selecionados, estimamos o SCR e mostramos que os pontos com SCR pequeno são normalmente os pontos que são erradamente seguidos. Para a avaliação, utilizamos um grande conjunto de dados com verdade terrestre.

Capítulo 2
Objectivos e aplicações do
trabalho proposto

Em geral, é necessário responder a duas questões básicas: como selecionar as caraterísticas e como segui-las de fotograma para fotograma. Os dois problemas encontrados no reconhecimento de objectos são os seguintes.

1. Um problema importante para encontrar o deslocamento d de um ponto de um quadro para o seguinte é que um único pixel não pode ser rastreado, a menos que tenha um brilho muito distinto em relação a todos os seus vizinhos. De facto, o valor do pixel pode tanto mudar devido ao ruído como ser confundido com os pixels adjacentes. Consequentemente, é muitas vezes difícil ou impossível determinar para onde foi o pixel no fotograma seguinte, com base apenas em informações locais. Devido a estes problemas, não rastreamos pixéis individuais, mas sim janelas de pixéis, e procuramos janelas que contenham textura suficiente.

2. Infelizmente, diferentes pontos dentro de uma janela podem

comportam-se de forma diferente. A superfície tridimensional correspondente pode ser muito inclinada, e o padrão de intensidade pode ficar distorcido de um fotograma para o outro. Ou a janela pode estar ao longo de um limite oclusivo, de modo que os pontos se movem a velocidades diferentes e podem até desaparecer ou aparecer de novo.

A nossa solução para o primeiro problema é a monitorização de resíduos: estamos sempre a verificar se o aspeto de uma janela não mudou demasiado. Se tiver mudado, descartamos a janela.

O segundo problema poderia, em princípio, ser resolvido da seguinte forma: em vez de descrever as mudanças de janela como simples translações, podemos modelar as mudanças como uma transformação mais complexa, como um mapa afim. Desta forma, podem ser associadas velocidades diferentes a pontos diferentes da janela.

APLICAÇÕES DO TRABALHO PROPOSTO:

1. O projeto proposto pode ser utilizado na classificação de alvos para um sistema de vigilância baseado em vídeo e pode ser implementado em UAV (veículos aéreos não tripulados)

e drones.

2. O projeto pode ser implementado em 3D Visual Phrases para

   Reconhecimento de pontos de referência e identificação de
locais.

3. Estes algoritmos são utilizados para detetar alvos que

   ajudarão a melhorar o desempenho de muitos sistemas de

   reconhecimento de objectos 3D em cenas desordenadas.

4. A teledeteção, que consiste na aquisição de informações sobre

   um objeto ou fenómeno sem contacto físico com o mesmo,

   contrasta com a observação no local. A teledeteção é utilizada

   em numerosos domínios, incluindo a geografia, a topografia e

   a maioria das disciplinas das ciências da Terra (por exemplo,

   hidrologia, ecologia, oceanografia, glaciologia, geologia).

5. As possibilidades são enormes nos domínios da informação,

   do comércio, da economia, do planeamento e das aplicações

   humanitárias.

Capítulo 3
Motivação e âmbito do trabalho

Com a emergência do século XXI, verifica-se um aumento da utilização de tecnologias digitais centradas na automatização para diminuir a intervenção humana em cenários quotidianos. O processamento de imagens está a ganhar importância nos dias de hoje, ao perceber-se que uma imagem transmite mil palavras, ajuda a comprimir mais facilmente os dados e pode ser implementado de forma ideal utilizando técnicas digitais. Desempenha um papel vital em qualquer sistema autónomo. Assim, o recurso a metodologias de reconhecimento de objectos permite que os sistemas informáticos identifiquem o objeto e tomem as medidas adequadas. As aplicações do reconhecimento de objectos são infinitamente diversas, desde carros autónomos a drones autónomos, passando por sistemas de segurança e tecnologias de imagiologia médica.

Existe uma margem de manobra no domínio do salvamento e da reabilitação das vítimas de catástrofes naturais, uma vez que o sistema é capaz de detetar cada vez mais ameaças. O projeto proposto trata do reconhecimento dos objectos presentes e ajudará a orientar os UAV (veículos aéreos não tripulados) e os mísseis para localizar os objectos. o alvo com precisão e destruí-lo.

O âmbito do reconhecimento de padrões é imenso e está a ser utilizado em vários domínios, existindo uma vasta gama de tecnologias que o utilizam, desde a leitura de microplacas até à robótica.

Capítulo 4
Revisão da literatura

Para objectos de elevada simetria, foi necessário invocar um processamento adicional, uma vez que, para esses objectos, as considerações relacionais invocadas pelo módulo de poda podem não produzir uma transformada de pose única; este processamento adicional foi simples, uma vez que requer a seleção das etiquetas disponíveis para um pequeno número de superfícies da cena, o cálculo de uma transformada de pose a partir dessas etiquetas e a verificação da transformada utilizando as etiquetas disponíveis para as outras superfícies da cena.

A.D. Reddy et al. [3] utilizaram LiDAR multitemporal para obter elevações antes e depois do incêndio e estimar a perda de carbono no solo causada pelo incêndio de 2011 em Lateral West, no Refúgio Nacional de Vida Selvagem Great Dismal Swamp, VA, EUA. Também determinaram a forma como o erro de elevação LiDAR afecta a incerteza na nossa estimativa de perda de carbono, perturbando aleatoriamente as elevações dos pontos LiDAR e recalculando a alteração da elevação e a perda de carbono, iterando este processo 1000 vezes.

Sergejs Kodors et al. [4] aplicaram a abordagem de minimização da energia para resolver o problema do reconhecimento de objectos O problema de reconhecimento de edifícios utilizando as imagens naturais é comprovado pela experiência do método de reconhecimento de edifícios, que se baseia na abordagem de minimização da energia. Este método mostrou a exatidão da classificação, que é igual a 0,76 do Coeficiente Kappa de Cohennan. A área corretamente classificada é igual a 98% e a área corretamente detectada dos edifícios é igual a 83%.

Anandakumar M. Ramiya et al. [5] propuseram a utilização de uma biblioteca de nuvens de pontos de código aberto (PCL) para a segmentação 3D de nuvens de pontos LiDAR e apresentam uma nova metodologia baseada em histogramas para separar os grupos de edifícios dos grupos de não edifícios. A metodologia foi aplicada a dois conjuntos de dados LiDAR aéreos diferentes, adquiridos numa parte da região urbana em torno das Cataratas do Niágara, no Canadá, e no sul de Washington, nos EUA. Foi alcançada uma precisão global de deteção de edifícios de 100% e

82%, respetivamente, para os dois conjuntos de dados.

Joseph Lam e Michael Greenspan [6] implementaram um sistema para reconhecimento de objectos e registo de segmentos de interesse repetíveis a partir de superfícies 3D.

De acordo com Patrick .I. Flynn e Anil K. Jain [7], "o sistema de visão por computador tem por objetivo identificar e localizar instâncias de modelos 3D predefinidos em imagens e, deste modo, acrescentar benefícios à indústria e a outros ambientes".

Guillaume Dumont et al. [8] implementaram um sistema que reconhece a biblioteca de monitorização de vídeo na câmara do Sistema de Controlo de Tráfego Aéreo (ATC). O sistema utiliza uma rede de câmaras visíveis ou térmicas para detetar, seguir e posicionar objectos em movimento na pista e nas áreas de estacionamento. Deste modo, é possível detetar aviões e camiões de serviço na pista utilizando câmaras ou imagens térmicas.

Derek Hoiem et al. [9] trabalharam na área da deteção e segmentação precisas de objectos parcialmente ocultos em várias escalas de pontos de vista.

Fridtj de Stein e Gerard Medioni [10] mostraram a

implementação do sistema TOSS que fornece uma indexação estrutural e um mecanismo poderoso para o reconhecimento de objectos 3D gerais. Fizeram muito poucas suposições restritivas sobre a forma dos objectos e são capazes de as adquirir automaticamente. Utilizando dois tipos de primitivos, ultrapassam o problema do reconhecimento nos casos em que os dados de bordo ou de superfície não fornecem informações suficientes para uma classificação correta. O seu esquema de codificação permite fazer corresponder as primitivas e verificar as hipóteses resultantes numa complexidade de tempo razoável. Conseguiram lidar com grandes bases de dados de objectos. O seu plano é explorar o facto de as caraterísticas ricas dos segmentos poderem fornecer informações estruturais suficientes para reconhecer objectos de forma eficiente.

C. Koley e B.L.Midya [11] descobriram que, com a ajuda de um único transmissor e recetor ultra-sónicos (em vez de vários sensores), um objeto 3D (com uma forma geométrica específica) pode ser reconhecido com uma precisão razoável, independentemente do material, do tamanho e da distância. A técnica de extração de caraterísticas baseada em Wavelet e a técnica de classificação de padrões baseada em redes neuronais foram utilizadas e desempenharam um papel crucial na discriminação de padrões complexos inerentes a uma determinada forma de objeto. Verificou-se que as redes neurais apresentam uma melhor precisão na classificação do objeto. Mas o Self Organizing Feature Map (SOFM) ajudou-os a identificar a semelhança topológica entre as classes. O seu método baseia-se no elevado poder de discriminação e na excelente capacidade de generalização da Máquina de Vectores de Suporte (SVM) e do Mapa de Caraterísticas Auto-Organizáveis (SOFM) em tarefas complexas de reconhecimento e classificação de padrões e é superior aos sistemas convencionais "especializados" ou "baseados no conhecimento", uma vez que não exige um enorme conhecimento especializado para o reconhecimento de um padrão de entrada diferente, nem exige a descrição explícita de qualquer regra para a discriminação de diferentes padrões de objectos. A experiência foi realizada com 20 números de padrões de entrada de 4 formas diferentes de objectos (5 não de cada classe) e obteve uma precisão máxima de 93,33%.

Jin-Yinn Wang e Fernand S. Cohen [12]. Apresentaram um sistema que reconhece e estima a forma de objectos com marcas especiais (texto, símbolos, desenhos, etc.) nas suas superfícies, utilizando um par de imagens binoculares. Para o efeito, foi utilizada uma combinação de modelação de curvas invariantes à transformação e de correspondência invariante. Como consequência direta da modelação da curva invariante, o cálculo das coordenadas 3D dos pontos da curva do objeto a partir de um par de imagens estéreo é uma tarefa simples. Estimaram os parâmetros dos pontos de controlo 3D a partir das curvas correspondentes em cada imagem para o sistema de imagem estéreo.

A curva 3D é facilmente recuperada a partir dos pontos de controlo correspondentes que foram utilizados para a triangulação e a forma do objeto é estimada a partir das curvas 3D recuperadas do objeto. Isto foi complementado por uma rede neural (NN) que reconhece a superfície como um objeto específico (por exemplo, uma lata de Pepsi versus um frasco de manteiga de amendoim), através da leitura do texto/marcações na superfície. Para o processo de correspondência, era necessário utilizar medidas que fossem invariantes a estas transformações. Uma dessas medidas são os descritores de Fourier (FD) derivados dos pontos de controlo associados às curvas-mãe não distorcidas. A sua precisão é muito elevada e apenas obtiveram 1 erro no reconhecimento de letras.

Michael Seibert e Allen M. Waxman [13]. Este trabalho dá dois contributos: um método para gerar uma representação gráfica de objectos 3D a partir de sequências de imagens de vídeo e uma técnica que utiliza as representações construídas automaticamente para o reconhecimento de objectos 3D. O seu trabalho aborda o problema da geração automática de representações de objectos 3D a partir de sequências de visualização exploratória de objectos não incluídos. O reconhecimento surge como a hipótese que acumulou o máximo de provas em cada momento. A sua hipótese era coerente com a visão atual. O objeto "vencedor" continua a aperfeiçoar a sua representação até que a câmara seja redireccionada ou que outra hipótese acumule mais provas. Este trabalho concentra-se na modelação da aparência 3D e é bem sucedido em condições de visualização favoráveis, utilizando processos simplificados para segmentar objectos da cena e derivar a disposição espacial das caraterísticas dos objectos. Os objectos não podem ser ocluídos, mas podem ser não poliédricos e não convexos. Os objectos de teste utilizados foram modelos de aviões em voo. Os cálculos foram formulados como equações diferenciais entre elementos acoplados, em vez de algoritmos computacionais convencionais, para facilitar uma implementação analógica paralela em VLSI.

M. Y. Mashor et al [14] o trabalho por eles concluído descreve um método de reconhecimento e classificação de objectos 3D utilizando momentos 2D e uma rede Hybrid Multi-Layered Perception (HMLP). Os momentos 2D são calculados com base em imagens de intensidade 2D obtidas a partir de várias câmaras que foram organizadas utilizando a técnica de vistas múltiplas. Os momentos 2D são normalmente utilizados para o reconhecimento de padrões 2D. A simplicidade do cálculo do momento 2D reduz o tempo de processamento para a extração de caraterísticas, diminuindo assim o tempo de reconhecimento. Os momentos 2D foram depois introduzidos numa rede neural para classificação dos objectos 3D. Foram utilizados dois grupos distintos de objectos, poliédricos e de forma livre, para avaliar o desempenho do método. Foram obtidas taxas de reconhecimento de 100% para os dois tipos de objectos, mostrando que este método pode ser aplicado com sucesso ao reconhecimento de objectos 3D.

Whoi-Yul Kim e Avinash C. Kak [15] mostraram que é possível obter grandes eficiências na visão 3D baseada em modelos combinando as noções de relaxamento discreto e correspondência bipartida. Utilizaram a correspondência bipartida para a ejeção rápida de modelos não aplicáveis. Também utilizaram a correspondência bipartida para implementar uma das etapas principais da relaxação discreta: a determinação da compatibilidade de uma superfície de cena com uma superfície de modelo potencial, tendo em conta considerações relacionais. A abordagem computacional apresentada no seu artigo é particularmente útil quando o número de objectos na biblioteca de modelos é grande e/ou quando os objectos envolvidos possuem um grande número de superfícies; ambos os factores conduzem a grandes espaços de pesquisa para a identificação de objectos e estimativa de pose. O módulo de poda, que utiliza uma combinação de relaxação discreta e de correspondência bipartida, permite efetuar rapidamente uma redução do espaço de pesquisa com base em considerações relacionais.

Para os objectos de elevada simetria, foi necessário invocar um processamento adicional, uma vez que, para esses objectos, as considerações relacionais invocadas pelo módulo de poda podem não produzir uma transformada de pose única; este processamento adicional era simples, uma vez que exigia a seleção das etiquetas disponíveis para um pequeno número de superfícies da cena, o cálculo de uma transformada de pose a partir dessas etiquetas e a verificação da transformada utilizando as etiquetas disponíveis para as outras superfícies da cena.

Yulan Guo et al [16] Trabalharam na área do reconhecimento de objectos 3D em cenas desordenadas. Os métodos de reconhecimento de objectos 3D podem ser divididos em duas categorias: métodos baseados em caraterísticas globais ou locais.

Os métodos baseados em caraterísticas locais da superfície são mais resistentes à oclusão e à desordem que estão frequentemente presentes numa cena do mundo real. Este documento apresenta um levantamento exaustivo dos métodos existentes de reconhecimento de objectos 3D baseados nas caraterísticas locais da superfície. Estes métodos compreendem geralmente três fases: deteção de pontos-chave 3D, descrição de caraterísticas locais da superfície e correspondência de superfícies. O seu artigo apresenta um levantamento único do estado da arte dos métodos de reconhecimento de objectos 3D baseados em caraterísticas locais da superfície. Foram também analisados os méritos e deméritos dos vários tipos de caraterísticas e os seus métodos de extração.

De acordo com David G. Lowe [17], é apresentado um método para combinar várias imagens de um objeto 3D num único modelo de representação. Este método permite o reconhecimento de objectos 3D a partir de qualquer ponto de vista, a generalização de modelos a alterações não rígidas e uma maior robustez através da combinação de caraterísticas adquiridas numa série de condições de imagem. A decisão de agrupar uma imagem de treino numa representação de vista existente ou de a tratar como uma nova vista baseia-se na precisão geométrica da correspondência com vistas de modelos anteriores. O seu modelo probabilístico foi desenvolvido para reduzir as correspondências falsas positivas que, de outro modo, surgiriam devido a restrições geométricas menos rigorosas na correspondência de modelos 3D e não rígidos. O seu sistema foi desenvolvido com base nestas abordagens que são capazes de reconhecer de forma robusta objectos 3D em imagens naturais desordenadas em tempos inferiores a um segundo.

Mun K. Leung e Thomas S. Huang [18] trabalharam num sistema integrado de estimativa de movimento tridimensional (3D) e reconhecimento de objectos com sequências de imagens estéreo exteriores como entradas. As cenas contêm um fundo estacionário com um veículo em movimento. Obtiveram a descrição do movimento 3D e identificaram o veículo a partir das imagens estéreo de entrada. A deteção continha quatro fases, nomeadamente a estimativa do movimento, a extração de caraterísticas distintivas, a base de dados de modelos e o reconhecimento de objectos. Os resultados da estimativa de movimento 3D foram utilizados para reduzir consideravelmente o espaço de pesquisa na fase de reconhecimento de objectos.

David J. Kriegman e Jean Ponce [19] trabalharam no sentido de relacionar explicitamente a forma dos contornos das imagens com modelos de objectos tridimensionais curvos. Esta relação foi utilizada para o reconhecimento e posicionamento de objectos. Os modelos de objectos consistiam em colecções de manchas de superfícies paramétricas e respectivas curvas de intersecção. Isto inclui quase todas as representações utilizadas no desenho geométrico assistido por computador e na visão por computador. Os contornos de imagem considerados são as projecções das descontinuidades da superfície e os contornos de oclusão. A teoria da eliminação fornece um método para construir a equação implícita destes contornos para o objeto observado sob projeção ortográfica ou perspetiva. Esta equação é parametrizada pela posição e orientação do objeto em relação ao observador. A determinação destes parâmetros reduziu-se a um problema de ajuste entre o contorno teórico e os pontos de dados observados. O seu trabalho foi implementado para um mundo simples composto por várias superfícies de revolução e testado com sucesso em várias imagens reais.

Yulan Guo et al [20] reconheceram objectos 3D na presença de desordem e oclusão. Trabalharam num sistema de reconhecimento de objectos 3D de forma livre baseado no descritor de caraterísticas locais da superfície. Para um ponto de caraterística selecionado aleatoriamente, é definido um quadro de referência local (LRF) através do cálculo dos vectores próprios da matriz de covariância de uma superfície local e foi construído um descritor de caraterística denominado estatísticas de projeção rotacional (RoPS) através do cálculo das estatísticas da distribuição de pontos em planos 2D definidos a partir do LRF. Apresentaram um algoritmo de reconhecimento de objectos 3D baseado nas caraterísticas RoPS. Os modelos candidatos e as hipóteses de transformação são gerados através da correspondência entre as caraterísticas da cena e as caraterísticas do modelo na biblioteca; estas hipóteses foram depois testadas e verificadas através do alinhamento do modelo com a cena.

Foram efectuadas experiências comparativas com dois conjuntos de dados disponíveis ao público, tendo sido alcançada uma taxa de reconhecimento global de 98,8%. Os resultados mostraram que o método era resistente ao ruído, às variações da resolução da malha e à oclusão.

Joseph Lam e Michael Greenspan [21] implementaram um sistema de reconhecimento de objectos e de registo de segmentos de interesse repetíveis a partir de superfícies 3D. A sua abordagem baseia-se na independência das caraterísticas locais, que podem ser pouco fiáveis quando corrompidas por ruído e indistintas para determinados objectos e superfícies. O seu trabalho utiliza a segmentação de dados 3D em segmentos de interesse repetíveis, seguida de um registo de superfície eficiente de segmentos de modelos e de cenas, em que o agrupamento de poses devolve os melhores candidatos a poses. Uma medida de qualidade baseada na reprojecção dos pontos do modelo e no refinamento da pose é então utilizada para selecionar a melhor pose. O método demonstrou experimentalmente ser preciso e robusto quando testado contra uma variedade de objectos de forma livre parcialmente ocluídos em cenas desordenadas, alcançando uma precisão média de 93% num conjunto de dados LiDAR precisos e de alta resolução e de 81% num conjunto de dados Kinect ruidosos e de baixa resolução.

De acordo com Patrick .I. Flynn e Anil K. Jain [22], "o sistema de visão por computador tem por objetivo identificar e localizar posições de modelos 3D predefinidos em imagens e, deste modo, acrescentar vantagens à indústria e a outros ambientes. Este trabalho baseia-se no BONSAI, que é um sistema de reconhecimento de objectos 3D baseado em modelos, que identifica e localiza objectos 3D em imagens de alcance de uma ou mais peças que foram concebidas num sistema de desenho assistido por computador (CAD). O reconhecimento é efectuado através de uma pesquisa restrita da árvore de interpretação, utilizando restrições unárias e binárias (derivadas automaticamente dos modelos CAD) para podar o espaço de pesquisa. Obtiveram a mesma exatidão que outros modelos existentes".

Guillaume Dumont et al [23] implementaram um sistema que reconhece a biblioteca de monitorização de vídeo na câmara do Sistema de Controlo de Tráfego Aéreo (ATC). O sistema utiliza uma rede de câmaras visíveis ou térmicas para detetar, seguir e posicionar objectos em movimento nas áreas da pista e da placa de estacionamento. Deste modo, é possível detetar aviões e camiões de serviço na pista utilizando câmaras ou imagens térmicas.

Chenyang Zhang et al [24] criaram um descritor caraterístico, ou seja, o Histograma de Facetas 3D (H3DF), para codificar explicitamente a informação sobre a forma 3D a partir de mapas de profundidade. Eles definiram uma faceta 3D como uma superfície de suporte local 3D associada a cada ponto de nuvem 3D. Através da codificação robusta e do agrupamento de facetas 3D de um mapa de profundidade, o descritor H3DF proposto pode representar eficazmente as formas e estruturas 3D de vários gestos da mão. Avaliamos o descritor proposto em dois conjuntos de dados 3D desafiantes de reconhecimento de gestos da mão. Os resultados do reconhecimento no contexto de dígitos decimais e letras em linguagem gestual americana (ASL) demonstraram que o método proposto é muito superior.

Derek Hoiem et al [25] trabalharam na área da deteção e segmentação precisas de objectos parcialmente oclusos em várias escalas de pontos de vista. O seu trabalho principal foi a criação de uma estrutura para combinar descrições ao nível do objeto (como a posição, a forma e a cor) com a aparência ao nível do pixel, limites e raciocínio de oclusão. Na formação, exploraram um modelo de objeto rough3D para aprender as aparências de peças fisicamente localizadas. Para encontrar e segmentar objectos numa imagem, geramos propostas baseadas na aparência e disposição das partes locais. As propostas são então refinadas após a incorporação de informações ao nível do objeto e os objectos sobrepostos competem por pixels para produzir uma descrição final e segmentação de objectos na cena.

Capítulo 5
Deteção e seguimento de faces

medida que a câmara se move, os padrões de intensidade da imagem mudam de uma forma complexa. Em geral, qualquer função de três variáveis I(x, y, t), em que as variáveis espaciais x e y, bem como a variável temporal t, são discretas e adequadamente limitadas, pode representar uma sequência de imagens. No entanto, as imagens captadas em instantes de tempo próximos estão normalmente fortemente relacionadas entre si, porque se referem à mesma cena captada apenas de pontos de vista ligeiramente diferentes. Normalmente, expressamos esta correlação dizendo que existem padrões que se movem num fluxo de imagens. Formalmente, isto significa que a função I(x, y, t) não é arbitrária.

Mesmo num ambiente estático sob uma iluminação constante, a propriedade é violada em muitas situações. Por exemplo, nos limites de oclusão, os pontos não se movem apenas dentro da imagem, mas aparecem e desaparecem. Além disso, a aparência fotométrica de uma região numa superfície visível muda quando a refletividade é uma função do ponto de vista.

No entanto, a propriedade invariante é amplamente satisfeita em marcas de superfície, e longe de contornos oclusivos. Nos locais onde a intensidade da imagem muda abruptamente com x e y, o ponto de mudança permanece bem definido, mesmo apesar das pequenas variações de brilho global à sua volta. As marcas de superfície abundam em cenas naturais e não são raras em ambientes construídos pelo homem. Nas nossas experiências, verificámos que as marcas são muitas vezes suficientes para obter boas estimativas de movimento e resultados de formas relativamente densas. Por conseguinte, este relatório incide essencialmente sobre as marcas de superfície. O diagrama de blocos da metodologia proposta é apresentado na Fig. 5.1.

Um problema importante para encontrar o deslocamento d de um ponto de um quadro para o seguinte é que um único pixel não pode ser rastreado, a menos que tenha um brilho muito distinto em relação a todos os seus vizinhos. De facto, o valor do pixel pode tanto mudar devido ao ruído como ser confundido com os pixels adjacentes. Como consequência, é muitas vezes difícil ou impossível determinar para onde foi o pixel no fotograma seguinte, com base apenas em informações locais. Devido a estes problemas,

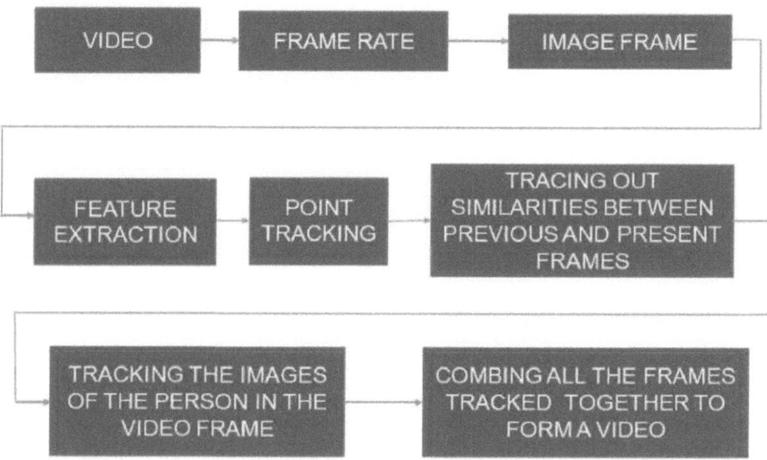

Figura 5.1: Diagrama de blocos da metodologia proposta não rastreamos pixéis individuais, mas janelas de pixéis, e procuramos janelas que contenham textura suficiente.

Infelizmente, diferentes pontos dentro de uma janela podem comportar-se de forma diferente. A superfície tridimensional correspondente pode ser muito inclinada e o padrão de intensidade pode ser distorcido de um fotograma para o outro. Ou a janela pode estar ao longo de um limite oclusivo, de modo que os pontos se movem a velocidades diferentes e podem até desaparecer ou aparecer de novo.

A nossa solução para o primeiro problema é a monitorização de resíduos: estamos sempre a verificar se o aspeto de uma janela não mudou demasiado. Se tiver mudado, descartamos a janela. O segundo problema poderia, em princípio, ser resolvido da seguinte forma: em vez de descrever as mudanças de janela como simples translações, podemos modelar as mudanças como uma transformação mais complexa, como um mapa afim. Desta forma, diferentes velocidades podem ser associadas a diferentes pontos da janela.

Capítulo 6
Seleção de caraterísticas

Independentemente do método utilizado para o seguimento, nem todas as partes de uma imagem contêm informação de movimento. Do mesmo modo, ao longo de uma aresta reta, só podemos determinar a componente de movimento ortogonal à aresta. Em termos gerais, a estratégia para ultrapassar estas dificuldades consiste em utilizar apenas regiões com uma textura suficientemente rica. Neste espírito, os investigadores propuseram seguir os cantos, ou janelas com um conteúdo de frequência espacial elevado, ou regiões onde uma mistura de derivadas de segunda ordem era suficientemente elevada.

Todas estas definições produzem normalmente caraterísticas rastreáveis. No entanto, estes "operadores de interesse" baseiam-se frequentemente numa ideia preconcebida e por vezes arbitrária do que é uma boa janela. Por outras palavras, baseiam-se no pressuposto de que as boas caraterísticas podem ser definidas independentemente do método utilizado para as seguir. As caraterísticas resultantes podem ser intuitivas, mas não têm qualquer garantia de serem as melhores para que o algoritmo de seguimento produza bons resultados. Em vez disso, propomos uma abordagem mais baseada em princípios. Em vez disso Em vez de definirmos a priori a nossa noção de uma boa janela, baseamos a nossa definição no método que utilizamos para o rastreio. Uma boa janela é aquela que pode ser bem monitorizada. Com esta abordagem, sabemos que uma janela é omitida apenas se não for suficientemente boa para o objetivo: o critério de seleção é ótimo por construção.

Dois valores próprios pequenos significam um perfil de intensidade aproximadamente constante dentro de uma janela. Um valor próprio grande e um pequeno correspondem a um padrão unidirecional. Dois valores próprios grandes podem representar cantos, texturas de sal e pimenta ou qualquer outro padrão que possa ser rastreado de forma fiável.

Na prática, quando o valor próprio mais pequeno é suficientemente grande para satisfazer o critério de ruído, a matriz G é geralmente também bem condicionada. Isto deve-se ao facto de as variações de intensidade numa janela serem limitadas pelo valor máximo permitido do pixel, pelo que o valor próprio maior não pode ser arbitrariamente grande.

Capítulo 7
Resultados experimentais e discussões

Neste capítulo, avaliamos o desempenho da seleção de caraterísticas e do rastreio em imagens reais. Para o efeito, utilizamos um fluxo de 100 fotogramas, mostrando superfícies de vários tipos diferentes: uma marioneta peluda, uma caneca cilíndrica e brilhante com fortes marcas de superfície, uma alcachofra, um modelo plano de placa de rua.

Uma codificação de intensidade do valor do menor dos dois valores próprios da matriz de seguimento G para todas as janelas quadradas de tamanho 15 no primeiro fotograma. Chamamos a isto o valor próprio menor. Para a deteção de caraterísticas, escolhemos um limiar algures no grande intervalo entre o valor próximo de zero e o cluster mais elevado. Devido à dimensão desse intervalo, o valor do limiar não é crítico. Seleccionamos um valor de 10. O algoritmo de seleção de caraterísticas ordena os valores próprios menores por ordem decrescente e escolhe as coordenadas das caraterísticas no topo da lista ordenada. Sempre que um par de coordenadas é selecionado, é-lhe atribuído um novo número de elemento. Para obter elementos não sobrepostos, todos os elementos da lista que se sobrepõem à janela centrados no par selecionado são eliminados.

O critério do valor próprio seleciona os cantos da caneca, bem como as caraterísticas mais difusas da marioneta, tanto ao longo dos bordos das manchas como noutros locais. Também se encontra um número considerável de caraterísticas na alcachofra, onde os padrões de intensidade são muito irregulares. O fundo, bem como as áreas relativamente uniformes no sinal de peões e na caneca, não contêm elementos. É duvidoso que se possa extrair qualquer informação útil sobre o movimento dessas áreas. Não são encontradas caraterísticas ao longo das arestas rectas da caneca. Estas arestas são caracterizadas por um valor próprio menor quase nulo e são bons exemplos de regiões que sofrem do chamado "problema da abertura". O resultado da deteção da face é apresentado na figura 7.1.

Durante o seguimento, é calculado um resíduo cumulativo para cada janela de caraterísticas. Este resíduo é definido como a raiz da diferença de intensidade ao quadrado médio entre a primeira janela e a janela atual. Repare-se que a maioria das curvas de resíduos cresce a uma taxa de cerca de um nível de intensidade por

pixel a cada

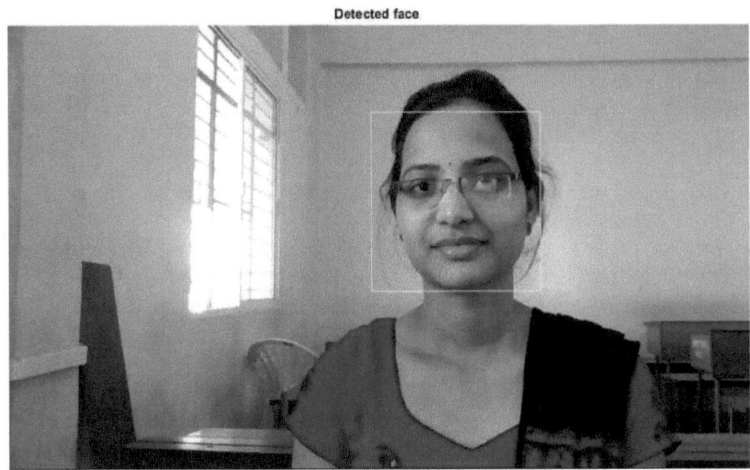

Figura 7.1: Rosto detectado a partir da imagem

cem fotogramas. Como discutido abaixo, um resíduo maior pode

indicar oclusão. Os pontos caraterísticos da face são mostrados

na figura 7.2.

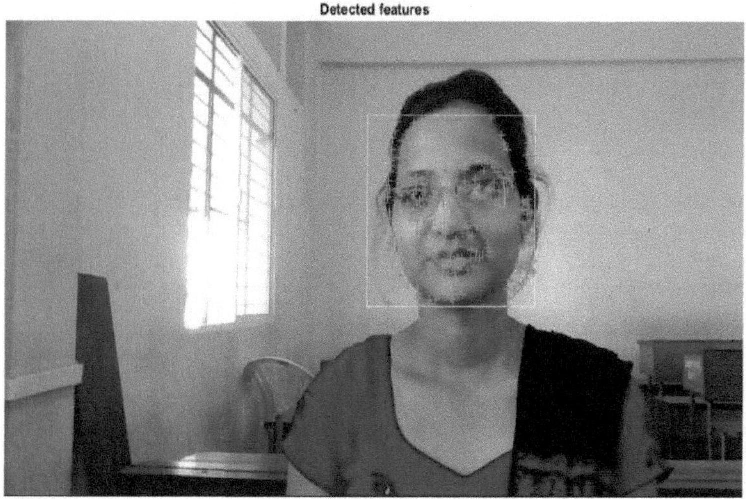

Figura 7.2: Pontos de caraterísticas no rosto utilizando o sistema proposto

Capítulo 8
Conclusão e âmbito futuro

O principal objetivo da nossa investigação sobre o movimento visual é a reconstrução da forma e do movimento tridimensionais a partir do movimento das caraterísticas numa sequência de imagens.

A necessidade de uma escolha cuidadosa das janelas a seguir é crucial, e propusemos uma solução direta e eficaz para este problema. O critério proposto, baseado na dimensão do menor valor próprio da matriz de seguimento G, é bem justificado pela natureza do método de seguimento. Além disso, subsume critérios anteriores de seleção de caraterísticas, na medida em que detecta cantos tão bem como regiões com elevado conteúdo de frequência espacial, ou com derivadas de segunda ordem elevadas, ou valores elevados de variância de intensidade.

Referências

[1] T.R. Vijaya Lakshmi, P.N. Sastry, e T.V. Rajinikanth, "Feature optimization to recognize Telugu handwritten characters by implementing DE and PSO techniques," *in International conference on Frontiers in Intelligent Computing Theory and Applications,* Lecture notes in springer AISC series, Odisha, India, September 2016, pp. 397-405.

[2] T.R. Vijaya Lakshmi, P.N. Sastry, e T.V. Rajinikanth, "Seleção de caraterísticas para reconhecer texto de manuscritos de folhas de palmeira," *Signal, Image and Video Processing,* Springer, julho de 2017, Artigo no prelo, doi:10.1007/s11760-017-1149-9.

[3] A.D.Reddy et al, "Quantifying soil carbon loss and uncertainty from a peatland wildfire using multi-temporal LiDAR," Remote Sensing of Environment, vol. 170, pp.306aC "316, 2015.

[4] Sergejs Kodors et al, "Building Recognition Using LiDAR e Minimização de Energia", Procedia Computer Ciência, vol. 43, pp.109a-117, 2015.

[5] Anandakumar M. Ramiya et al, "Segmentation based building detection approach from LiDAR point cloud," The Egyptian Journal of Remote Sensing and Space Sciences vol.20, no.1, pp.71-77, 2017.

[6] Joseph Lam e Michael Greenspan, "3D Object Recognition by Surface Registration of Interest Segments", Conferência Internacional sobre Visão 3D, junho de 2013, pp.199-206.

[7] Patrick .I. Flynn e Anil K. Jain, "BONSAI: 3-D Object Recognition Using Constrained Search", IEEE Transactions On Pattern Analysis And Machine Intelligence, vol. 13, n.º 10, outubro de 1991.

[8] Guillaume Dumont, Franasois Berthiaume, Louis St-Laurent, Benoit Debaque e Donald Prevost, "AWARE: A Video Monitoring Library Applied to the Air Traffic Control Context", Conferência Internacional sobre

Vigilância avançada baseada em vídeo e sinais, 27-30 Ago. 2013, pp.153-158.

[9] Derek Hoiem, Carsten Rother e John Winn, "3D Layout CRF

for Multi-View Object Class Recognition and Segmentation",
Conferência Internacional sobre Visão por Computador e
Reconhecimento de Padrões, 17-22 de junho de 2007, pp.1-
8.

[10] Fridtjof Stein e Gerard Medioni, "Structural Indexing:
Efficient 3-D Object Recognition," IEEE Transactions on
Pattern Analysis and Machine Intelligence, vol. 14, no. 2,
fevereiro de 1992 pp.125-145.

[11] C. Koley e B.L.Midya, "3-D Object Recognition System
using Ultrasound," 3rd International Conference on
Intelligent Sensing and Information Processing, Bangalore,
2005, pp. 99-104.

[12] Jin-Yinn Wang e Fernand S. Cohen, "Part II: 3-D Object
Recognition and Shape Estimation from Image Contours
Using B-Splines, Shape Invariant Matching and Neural
Network," IEEE Transactions On Pattern Analysis And
Machine Intelligence, Vol. 16. NO. 1, pp.13-23, janeiro de
1994.

[13] Michael Seibert e Allen M. Waxman, "Adaptive 3-D Object Recognition from Multiple Views", IEEE Transactions on Pattern Analysis and Machine Intelligence, Vol. 14, NO, 2, pp.107-124, FEBRUARY 1992.

[14] M. Y. Mashor, M. K. Osman e M. R. Arshad, "3D Object Recognition Using 2D Moments and HMLP Network," Proceedings in International Conference on Computer Graphics, Imaging and Visualization, pp. 126-130, 2004.

[15] Whoi-Yul Kim e Avinash C. Kak, "3-D Object Recognition Using Bipartite Matching Embedded in Discrete Relaxation," IEEE Transactions On Pattern Analysis And Machine Intelligence, Vol. 13, NO. 3, pp. 224-251, MARÇO de 1991.

[16] Yulan Guo, Mohammed Bennamoun, Ferdous Sohel, Min Lu e Jianwei Wan, "3D Object Recognition in Cluttered Scenes with Local Surface Features: A Survey," IEEE Transactions on Pattern Analysis and Machine Intelligence, Vol. 36, NO. 11, pp.2270-2287, 2014.

[17] David G. Lowe, "Local Feature View Clustering for 3D Object Recognition," Proceedings of the 2001 IEEE Computer Society Conference on Computer Vision and Pattern Recognition, pp. I-682-I-688, 2001.

[18] Mun K. Leung e Thomas S. Huang, "An Integrated Approach to 3-D Motion Analysis and Object Recognition," IEEE Transactions on Pattern Analysis and Machine Intelligence, Vol. 13, NO. 10, pp. 1075-1084, OUTUBRO 1991.

[19] David J. Kriegman e Jean Ponce, "On Recognizing and Positioning Curved 3-D Objects from Image Contours," IEEE Transactions on Pattern Analysis and Machine Intelligence, Vol. 12, NO. 12, pp.1127-1137,
DEZEMBRO 1990.

[20] YulanGuo, Mohammed Bennamoun, Ferdous A. Sohel, Jianwei Wan e Min Lu, "3D Free Form Object Recognition using Rotational Projection Statistics," IEEE Workshop on Applications of Computer Vision (WACV), Tampa, FL, 2013, pp. 1-8.

[21] Joseph Lam e Michael Greenspan, "3D Object Recognition by Surface Registration of Interest Segments", ON 2013 International Conference On 3d Vision.

[22] Patrick .I. Flynn e Anil K. Jain, "BONSAI: 3-D Object

Recognition Using Constrained Search," IEEE Transactions On Pattern Analysis And Machine Intelligence, Vol. 13, NO. 10, OUTUBRO DE 1991.

[23] Guillaume Dumont, Francois Berthiaume, Louis St-Laurent, Benoit Debaque e Donald Prevost, "AWARE: A Video Monitoring Library Applied to the Air Traffic Control Context", 10th IEEE International

Conferência sobre Vídeo Avançado e Sinal Baseado Vigilância, Cracóvia, 2013, pp. 153-158.

[24] Chenyang Zhang, Xiaodong Yange Ying Li Tian, "Histograma de Facetas 3D: A Characteristic Descriptor for Hand Gesture Recognition", 10.ª conferência e workshops internacionais do IEEE sobre reconhecimento automático de rostos e gestos, pp.1-8, 2013.

[25] Derek Hoiem, Carsten Rother e John Winn, "3D Layout CRF for Multi-View Object Class Recognition and Segmentation", Conferência IEEE sobre Visão por Computador e Reconhecimento de Padrões, 1-8, 2007.

yes
I want morebooks!

Buy your books fast and straightforward online - at one of world's fastest growing online book stores! Environmentally sound due to Print-on-Demand technologies.

Buy your books online at
www.morebooks.shop

Compre os seus livros mais rápido e diretamente na internet, em uma das livrarias on-line com o maior crescimento no mundo! Produção que protege o meio ambiente através das tecnologias de impressão sob demanda.

Compre os seus livros on-line em
www.morebooks.shop

Printed by Books on Demand GmbH, Norderstedt / Germany